ÉTUDE

SUR

L'HYGIÈNE PUBLIQUE

ÉTUDE

SUR LES AMÉLIORATIONS PRATIQUES
QUE L'ON POURRAIT APPORTER DANS L'ÉVACUATION
DES IMMONDICES DANS LES CAMPAGNES

Par DATHAN de SAINT-CYR

Membre de la Société Française d'hygiène,
Officier d'Académie, etc.

Sans la propreté, il n'y a pas de santé
possible.

DATHAN DE SAINT-CYR.

PARIS

CHEZ L'AUTEUR

BUREAUX DE LA SOCIÉTÉ FRANÇAISE D'HYGIÈNE
30, Rue du Dragon, 30

1900

ÉTUDE

SUR

L'HYGIÈNE PUBLIQUE

ÉTUDE

SUR

L'HYGIÈNE PUBLIQUE

ÉTUDE

SUR LES AMÉLIORATIONS PRATIQUES
QUE L'ON POURRAIT APPORTER DANS L'ÉVACUATION
DES IMMONDICES DANS LES CAMPAGNES

Par DATHAN de SAINT-CYR

Membre de la Société Française d'hygiène,
Officier d'Académie, etc.

> Sans la propreté, il n'y a pas de santé possible.
>
> DATHAN DE SAINT-CYR.

PARIS

CHEZ L'AUTEUR

ET AUX BUREAUX DE LA SOCIÉTÉ FRANÇAISE D'HYGIÈNE
30, Rue du Dragon, 30

1900

PRÉFACE DE L'AUTEUR

L'auteur, en écrivant, espère toujours que ses travaux et ses mémoires, ses pensées et ses idées pourraient devenir une base; c'est-à-dire qu'on puisse les mettre en pratique : mais comme toujours, on préfère délaisser le bon du mauvais. Ce n'est pas dans l'idée d'un manque d'impuissance et d'autorité, ni du manque de pouvoirs et d'armes; ce qui ne manque pas à nos braves maires, ce qui leur manque, ce serait qu'ils aient un peu plus d'énergie à leurs pouvoirs, pour faire appliquer et respecter tous

les règlements préfectoraux, concernant l'hygiène publique. Lorsqu'il s'agit d'hygiène privée, qui doit être appliquée au domicile du propriétaire, la loi fait toujours défaut, malgré
l'inébranlable régularité qu'elle possède. Aussi
notre arsenal législatif est muet sous ce rapport ;
et c'est par la persuasion qu'il faut procéder,
sans pour cela entraîner le paysan, toujours sou-
cieux de ses deniers, dans des dépenses qui
pourraient lui paraître exagérées, s'il n'allait
jusqu'à les regarder comme superflues. Les mesures d'hygiène ne doivent pas être la consé-
quence d'actes coercitifs, mais le résultat de faits
absolument démonstratifs. Elle doit s'imposer
aux masses par la seule force de son existence.
Dans cet exposé, nous laisserons de côté la des-
cription des logements ruraux, aussi bien que
l'origine détaillée de toutes les immondices.
Cette étude nous procurera l'occasion de faire
toucher du doigt toutes ces misères et malpro-
pretés. Nous concevons facilement, qu'il importe

avant, d'y porter un remède sûr, capable d'être propagé, enseigné même par voie de conférences publiques. On fait bien des réunions pour solliciter un mandat législatif, que n'en organise-t-on pas pour donner aux gens plus que des paroles, que des actes. Nous avons adopté la façon suivante, pour l'étude que nous nous proposons de décrire.

Chapitre I. En premier lieu, nous étudierons l'origine des immondices, les dangers et les divers inconvénients qu'elles peuvent présenter.

Chapitre II. En second lieu, nous décrirons les moyens les plus pratiques pour l'évacuation des ordures privées, et en troisième lieu qui sera le chapitre III, nous décrirons les moyens pratiques pour l'évacuation des ordures publiques.

DATHAN DE SAINT-CYR.

CHAPITRE PREMIER

L'ORIGINE DES IMMONDICES
LES DANGERS, ET LES DIVERS INCONVÉNIENTS
QU'ELLES PEUVENT PRÉSENTER

L'origine et le mot d'immondices comprend toutes les excrétions humaines ou animales : urines, matières fécales, les ordures ménagères, les eaux usées et industrielles. Nous savons tous à peu près ce que l'homme produit chaque jour, une masse considérable de matières à putréfaction, ou plutôt de matières déjà putrides, car les organismes saprophytes y pullulent, et une part des substances volatiles qui donnent aux excréments leur fumet, sont fabriquées par ces bacteries. Les déjections de tout animal, même sain, sont pour lui un poison. Les excrétions des animaux varient d'importance avec les habitudes de chaque localité,

et selon le nombre de bêtes qu'on y entretient:
Dans un grand nombre de campagnes, la quantité
de chevaux et de têtes de bétail l'emporte de beaucoup sur celui des humains. Les écuries et les fumiers forment un des plus graves inconvénients,
au point de vue de l'hygiène. Quant aux ordures
ménagères, elles se composent des épluchures de
légumes ou de fruits, des débris des repas, des déchets culinaires du travail, des produits du ba-
layage, des locaux mêlés à des fragments de papier,
d'étoffe, et de vaisselle cassée. A l'état frais, elles
ne sont pas inquiétantes, aussi leur séjour prolongé
à la maison conduit à la fermentation. On devra
faire évacuer tous ces matériaux au plus tôt, le
plus complètement et le plus vite possible. Dans
les eaux ménagères on range les eaux de vaisselle,
de toilette, des bains, lorsqu'on en prend, des lava-
ges. Les premières sont riches en matières organi-
ques et partout fermentables. L'autre catégorie
comprend les déchets épidermiques, les excrétions
de la peau, les impuretés restées adhérentes aux
ustensiles aux linges, aux meubles, aux planchers.
De cette façon, elles sont capables de se corrompre
comme les précédentes et deviennent dangereuses,
si elles ont servi à laver la peau de quelque indi-
vidu atteint de variole, rougeole, scarlatine, la

bouche de quelque diphthéritique; le linge d'un cholérique, d'un typhoïsant, d'un tétanique ou d'un tuberculeux est également suspect. Ces eaux représentent toujours au moins la moitié de toute l'eau qui est consommée à la maison. Sont variables de composition les liquides industriels, également de volume. Les eaux pluviales qui entraînent le crottin des rues deviennent nuisibles à cause des ptomanes qui y prennent naissance. Ces immondices tout en menaçant l'air des habitations, sont pour le sol et les eaux ce que les produits de la respiration et les excrétions cutanées sont à l'atmosphère. Dans beaucoup de villages on jette par la fenêtre, ou on laisse couler devant la maison les eaux ménagères. On dépose à la porte, sur le sol naturel, le fumier des animaux dont la partie liquide s'infiltre nécessairement en terre, de là, pour contaminer les puits. Répandus autour de l'habitation, l'excrément humain abandonne aux animaux et aux agents météoriques le soin de les faire disparaître. Du reste, nous l'avons déjà dit, l'habitation agricole est insalubre par le manque de précautions que prend le paysan, vis-à-vis de lui-même et le peu de propreté qu'il octroie à ses bestiaux. Si du domaine particulier nous embrassons la généralité, c'est-à-dire du village lui-même, les mêmes inconvénients se retrouvent. Les latrines publiques n'existent pas, et lorsque les écoles en sont pourvues, leur installation est souvent rudimentaire, défectueuse, et les produits de toute nature viennent empester l'atmosphère ambiante. Ce que nous envisageons en ce moment, ce ne sont pas les palais scolaires, où les conditions hygiéniques sont assez souvent remplies; mais bien les petites écoles situées dans les communes dont les ressources sont insuffisantes pour se payer le luxe d'une demeure lycéenne. Pour cela, les nouveaux règlements ont été sagement établis. Aucune école ne peut s'installer, ou s'agrandir, sans l'assentiment des conseils d'hygiène départementaux. Selon les plans, la visite des lieux se fait, et l'Etat a un peu plus de garanties à offrir aux parents, ce qu'il n'avait pas autrefois. Les choses restent toujours les mêmes, que ce soit pour les écoles communales ou pour les écoles privées. Telle est la triste situation au point de vue de l'hygiène, des habitants et des communes à la campagne, lorsque les immondices ne sont pas évacuées et nettoyées.

CHAPITRE II

LES MOYENS LES PLUS PRATIQUES POUR L'ÉVACUATION
DES ORDURES PRIVÉES

Pour l'évacuation des ordures privées, l'idéal
et le point de départ, ce serait la destruction immédiate par le feu de toute ordure à mesure
qu'elle se produit. Car ce serait une imperfection
d'attendre un certain temps, avant de songer à
détruire par un moyen ou un autre ces ordures.
Nous savons tous à peu près, comment se compose
une maison de la campagne. Ordinairement le propriétaire peut être ouvrier, cultivateur ou indus-
triel. De là, il résulte que deux sortes de produits
y sont usés : 1° ceux se rapportant principalement
à l'homme ; 2° ceux concernant les animaux quels
qu'ils soient. Nous allons maintenant nous occuper

de quoi se composent les maisons d'ouvriers, ce qu'il y aurait à faire à la campague où le terrain et l'espace ne font pas défaut, où chaque maison possède son petit jardin, pour assurer l'évacuation des excréments humains, des ordures et des eaux ménagères qui peut se résumer en quelques mots. On recueillera les matières excrémentitielles, dans une fosse étanche couverte, construite de la manière suivante. On devra munir les murs de parois en briques jointes au ciment, et sur l'épaisseur de ce mur on établira un enduit d'ardoises plates reliées de la même façon. Les murs et les radiers ainsi garnis peuvent recevoir toute espèce de liquide. Nous nous sommes assurés que ni les acides, ni les sels ammoniacaux ne pourraient avoir de l'influence sur un semblable enduit. On pourra disposer cette fosse dans le jardin, et en dehors de l'habitation, les privés y seront établis. En cas qu'on ne pourrait pas établir de fosse, dans chaque maison on pourrait toujours installer un tonneau garni ultérieurement de terre sèche, et après un certain nombre de défécations on projettera de la terre sèche, des cendres et du charbon de bois concassé. Pour cela, on pourrait imiter un peu le système Goux. La terre agira et empêchera le développement de la fermentation, et absorbera les gaz.

Les microbes auxquels on s'adresse privés d'air, ne sauraient vivre. Les impuretés solides et liquides et la vidange seront enlevées et restituées à la terre qui abandonnera aux plantes le carbone et l'azote. En un mot, à l'état d'engrais, rendra à la terre tout ce qu'on lui a emprunté. Quant aux ordures ménagères elles seront recueillies dans des récipients étanches, pourvus d'un couvercle, pour qu'elles puissent séjourner le moins possible à la maison. Soit être brûlées sans retard au service de la voirie, ou projetées dans une fosse spécialement bâtie, dans les mêmes conditions que celles exposées plus haut. En cas de maladies, elles pourraient être incinérées. On pourrait utiliser les cendres contenant des sels de potasse pour le jardinage et l'agriculture. Quant aux ménagères, elles seront gardées dans un seau et répandues dans le jardin, tout en s'éloignant des sources. On pourrait se procurer dans chaque maison un évier, dont les parois seront garnies en grès vernissé, ou en porcelaine rejointoyée au ciment. On pourra en exclure la menuiserie, un tuyau d'égout servira à les réunir dans un seau. Ces liquides ne pourront être déversés à la rue, que s'il y a une canalisation qui en assure l'évacuation rapide à l'égout. Mais dans un cas tout à fait extraordinaire, on placera une grille, à

l'ouverture du plomb, ce qui retiendra les corps
un peu volumineux. De temps en temps, on procé-
dera à un lavage à la lessive de cendres chaudes,
ce qui enlèvera les corps gras. Les débris du travail seront, au fur à mesure de leur production,
réunis dans une caisse et déversés à la fosse le soir.
La plus grande propreté devra régner partout et
toujours chez l'ouvrier, sans distinction, qu'il soit
tailleur, cordonnier, boutonnier, etc. On ne lais-
sera, dans aucun cas, séjourner dans la maison des
immondices et détritus. Nous supposons que l'em-
placement sera d'une grande suffisance, pour recevoir l'établissement d'annexes, destinées aux
animaux domestiques. On éloignera, autant que
possible de la demeure, les poulaillers, lapinières,
etc., situés plutôt dans le jardin, ou un appentis et
la litière changée souvent. Le fumier sera mis
aussi, avec les ordures ménagères à la fosse étanche. L'issue du reste de tous ces produits est la
même. Le jardin se trouve fumé, par tous ces engrais. Nous plaçons les privées, en dehors de la demeure, en supposant que la santé sera générale.
Cependant, s'il arrivait qu'un membre de la famille
vint à tomber malade, la garde-robe en service,
serait désinfectée au sulfate de fer ou cuivre avant
d'être évacuée à la fosse. Supposons de plus un tu-

berculeux dans la maison. Les crachats seront re-
cueillis dans une assiette ou un plat et traités par
l'eau bouillante après avoir subi les atteintes d'un
désinfectant approprié, sublimé et chlorure de so-
dium. Dans le cas de maladies graves ou épidémies
sérieuses, le concours d'un médecin est obligatoire,
de plus il est toujours écouté comme un oracle,
surtout chez nos paysans.

2° Maisons rurales.

Les précautions et mesures de salubrité qui
viennent d'être développées, s'appliquent aux demeures rurales. Ce qui nous reste à dire et à es-
pérer, c'est que le chef de famille d'une part, s'en-
gage ainsi, que le patron de l'exploitation d'autre
part, à faire leur possible à exécuter ces ordonnan-
ces. On pourrait détailler les soins qui se rappor-
tent aux animaux, tout en considérant chacune des
habitations capables de les abriter. Il existe toujours
dans les exploitations importantes une citerne à
engrais qui, à cause de sa situation, pourrait em-
puantir l'air de la ferme. Il est vrai qu'à la campagne, en raison souvent des difficultés locales, et
à la faveur de la circulation de l'air, il peut y avoir
certaines tolérances. Mais ce que nous ne pouvons
pas comprendre, c'est cet entêtement de cultiva-

teur à supporter facilement devant la porte de sa
maison, peut-être en guise de fleurs ou de parfums,
des dépôts de fumiers qui, en fermentant, répan-
dent des odeurs désagréables. Ce qui serait en premier lieu d'une grande nécessité, ce serait la
construction d'une fumière dans le jardin ou l'en-
clos à contre vent. Elle sera étanche, couverte en
chaume, cimentée et pourra recevoir les produits
liquides. Ils ne sauraient tolérer la vue de leurs
propres déjections, mais l'engrais de leurs animaux
leur est plus cher, sans doute parce qu'il est plus
profitable, croient-ils ?

Nous allons détailler chacune de ces demeures
en souhaitant que les dispositions qui s'y appliquent,
soient imposées ou conseillées aux petites exploitations.

Vacheries, Bergeries. — Pour assainir les vacheries, le sol sera rendu imperméable, disposé
en pente pour l'écoulement des urines dans les ci-
ternes étanches se vidant à la manière des fosses
d'aisances. Les réservoirs seront disposés, en dehors de la cour, si on ne peut les vider et les désinfecter souvent, ou dans celle-ci, dans le cas con-
traire. Les établis seront ventilés par la cheminée
d'aération, montant au-dessus du toit et ayant au

moins 40 centimètres de côté. Tous les ans on blanchira les murs à la chaux. On disposera le plancher, haut des établis et, s'il y a une habitation en
dessus, on construira ce plancher en fer ; tout cela
est d'une bonne pratique. L'eau sera très abondante
pour le lavage des établis, des cours et des ruisseaux. Cette condition est commune à toutes les
installations.

Porcheries. — Elles ne doivent être installées
que loin des demeures. Aux conditions précédentes il convient d'ajouter que les murs doivent être
cimentés jusqu'à une certaine hauteur.

Ecuries. — Rien de particulier à signaler.

Poulaillers, Pigeonniers. — On évacuera le
plus souvent possible, les ordures produites, et on
blanchira au moins deux fois l'an, à la chaux. On
changera en général très fréquemment les litières.
Elles peuvent être comparées en quelque sorte aux
draps de notre lit. Si un accident fâcheux nous arrivait, il ne serait point besoin de beaucoup de
persuasion pour nous engager à les remplacer. Ce
que nous considérons comme une obligation hygié-
nique à notre égard doit s'appliquer aux animaux.

Il y a quelques pratiques excellentes, pour améliorer et désinfecter les fumiers placés dans les fosses étanches. On pourra employer le plâtre ou le sulfate de chaux, répandu dans le purin ou sur le fumier, il absorbe le gaz ammoniac en même temps qu'il se forme du carbonate de chaux. Ce corps donne aussi du sulfate d'ammoniaque, qui n'est plus volatil. Car tous les sels ammoniacaux dont l'acide est fixe, n'ont pas tendance à se dissocier à une faible température. Ainsi on supprime toute odeur nauséabonde en même temps qu'on conserve intégralement sa richesse à l'engrais futur. Il serait plus pratique de transporter au fur et à mesure, dans les champs, les immondices dès leur production, sans attendre inutilement la fermentation ammoniacale. En cas que le **sulfate** de chaux ferait défaut, on pourrait arroser les fumiers avec une solution faible d'acide sulfurique 10/000, qui remplirait le même but. L'acide dans une proportion telle, ne pourrait avoir aucun inconvénient sur les parois cimentées et ardoisées de la fosse qui contient les ordures. On pourrait encore se servir du sulfate de fer, mais la présence même de la base aurait plus tard quelques inconvénients. En agronomie toutes les plantes n'ont pas besoin de fer, mieux vaut la chaux que le fer. Telles sont les règles bien précises, que l'on peut appliquer au collectionnement et à l'éloignement des immondices qui souillent la demeure agricole et ses annexes. A celle-ci encore qu'on applique les soins les plus minutieux de propreté et d'ordre. La propreté est fonction du nombre de balais qu'on use.

CHAPITRE III

MOYENS PRATIQUES POUR L'ÉVACUATION
DES ORDURES PUBLIQUES

Pour arriver à supprimer les dépôts volontaires que les paysans, hommes libres par excellence ont soin de placer où bon leur semble, on pourrait dans chaque village construire des latrines publiques. Elles seront étanches et vidées aussi souvent qu'il conviendrait. Si on se trouve dans le voisinage d'un chemin clair, il est bien entendu que le service de la voirie devra être assuré par l'administration des ponts-et-chaussées, qui pourra toujours verbaliser dans les cas d'infraction aux règlements. Ces contraventions pourraient s'appliquer aux bouchers, charcutiers, et sont du ressort de l'hygiène publique. Les maires sont également chargés de noti-

fier et de faire exécuter les arrêtés. Nous allons
donner ce qui concerne la salubrité de ces établissements, tout en les prenant tels qu'ils se présen-
tent le plus ordinairement dans les campagnes.

Tueries, charcuteries. — On éloignera autant
que possible ces établissements des habitations ;
mais, malheureusement, ils sont toujours situés au
centre du village, dans la partie la plus commer-
çante. Il y a lieu de remarquer, que dans les villes
on bourgs d'une certaine importance, les abattoirs
sont relégués en dehors de l'enceinte ; mais à la
campagne les tueries sont placées dans la rue la
plus fréquentée. Elles sont également gênantes et
insalubres, en ce qu'elles n'assurent pas toujours
l'éloignement parfois de leurs immondices. Il est
d'une grande nécessité de daller et de cimenter
le sol des échaudoirs, brûloirs ; de les disposer en
cuvette et de revêtir les murs de ciment. On rendra le sol des cours imperméable, et les eaux seront écoulées souterrainement à l'égout. S'il en
existe, on le recueillera dans une citerne étanche
et fermée et que l'on videra comme une fosse d'aisances. Il sera absolument interdit l'écoulement
aux ruisseaux dans la rue et les cours d'eau ; les
eaux servant à l'alimentation. Tous les jours on en-

lèvera les matières stercorales, les débris intestinaux, les peaux, etc. La cour de l'abattoir ne pourra
être commune à d'autres locataires. Elle sera toujours fermée et séparée par une clôture suffisante.
Ce qui caractérise ce genre de conseils, c'est l'assurance du bon collectionnement de toutes les eaux
sanguinolentes ou noires et leur éloignement rapide de la maison vers les champs. Dans le cas
où il s'agirait d'une *école*, il est des précautions
indispensables, en dehors des mesures hygiéniques
propres aux épidémies, pour assurer la salubrité de
la maison collective. Il devra y avoir d'abord des
pierres distinctes pour chaque sexe, et des urinoirs
pour les garçons. On cherchera autant que possible
à les disposer de façon à ce que les vents régnants
ne rejettent pas les gaz dans les bâtiments, ni dans
la cour. Ils seront divisés par cases, une pour quinze
élèves environ. Le siège sera couvert d'une cuvette
en bois, d'une hauteur d'environ 0 ^{m}, 23, et sera
légèrement incliné en avant. L'orifice, de forme
oblongue, aura environ 0 ^{m}, 20 sur 0 ^{m}, 14. Il ne
sera pas plus de 0 ^{m}, 05 du bord. On munira la cuvette d'un obturateur. Le nombre des urinoirs sera
au moins égal à celui des privés. On se servira de
matériaux imperméables, pour les parois et le sol
des privés et des urinoirs. Tous les angles seront

arrondis pour assurer le nettoyage. Une pente sera ménagée pour l'écoulement du liquide vers le siège, avec une ouverture d'échappement au-dessus de la fermeture de l'appareil obturateur. On établira un service d'eau pour le nettoyage. Les fosses seront fixes ou mobiles. Les fosses mobiles, quel que soit le système de vidange adopté, seront préférées toutes les fois qu'il sera possible de les établir ; elles seront pourvues d'un ventilateur. Les fosses fixes seront de petite dimension, sans jamais avoir toutefois moins de deux mètres de long, de large et de haut. Elles seront voûtées, construites en matériaux imperméables et enduites de ciment Elles seront étanches et le fond sera disposé en forme de cuvette, les angles intérieurs seront arrondis, sur un rayon de 0.^{m}, 25. On les éloignera des puits. Elles seront munies d'un tuyau, qui sera élevé au-dessus de la toiture des privés, aussi haut que l'exigera la disposition des constructions voisines. Afin d'éviter les mauvaises odeurs, on y projettera de la chaux et du sulfate de fer, de temps en temps ; du formol, et des antiseptiques capables d'entraîner les fermentations. En un mot, les conseils donnés à propos des maisons particulières seront appliqués sur une plus vaste échelle.

CONCLUSIONS

Après l'étude détaillée et approfondie des conseils que nous venons d'exposer, ils nous paraissent assez pratiques, pour pouvoir être mis en exécution, sans pour cela délier les cordons de la bourse. Nous avons constaté qu'il y bien des améliorations qui peuvent être faites chez soi, sans être obligé de faire des dépenses folles. Au point de vue de l'économie, parlons des ouvriers agricoles, qui sont tant soit peu maçons, et peuvent s'entr'aider pour faire les changements qu'ils jugeraient utiles à porter à l'amélioration de leur demeure. Comme je disais dans ma maxime : « Sans la propreté, il n'y a pas de santé ». Ce que le paysan ne veut pas comprendre jusqu'à présent, c'est que rien n'est plus agréable à l'œil qu'une cour bien rangée, débarrassée de tout ce qu'il croit être le plus bel ornement, le fumier, la paille, les détritus et débris de toute sorte. Pourtant on commence à voir, dans quelques-unes de nos campagnes, que l'habitude d'éloigner les fumiers se pratique couramment. Cette façon de procéder rentre dans les habitudes, mais l'étanchéite et l'obturation de la fosse qui les reçoit est loin d'être assurée, et ce serait le complément nécessaire d'une pratique qui tend à rendre de grands services. Si rien ne doit se perdre et retourner à la terre d'où il provient. Le cultivateur possède un engrais puissant, riche en azote, qu'il n'aura qu'à mélanger de terre pour en faire un mélange utilisable. Le thème à lui enseigner, et qu'il comprendra toujours le mieux, est l'économie privée. Il ne lui restera plus d'une chose : s'assurer de la bonne qualité de l'eau qu'il destine à son alimentation. Tout en évitant toute infiltration possible, il pourra se garantir contre les risques trop nombreux de la contamination et de la contagion des maladies, telles que fièvre typhoïde, diarrhée, cancer, tétanos, etc. En dernier lieu les remèdes qu'il conviendrait d'appliquer et de préconiser pour assainir les habitations à la campagne

peuvent se resserrer. Collectionnement et éloignement des immondices, en dehors de la maison par les
procédés exposés plus haut. Eau pure abondante.
Précautions spéciales dans les maladies épidémi-
ques. Les conditions excellentes dans lesquelles ils
se trouvent, devraient rendre jaloux de leur sort les
citadins. Les établissements agricoles seront régle-
mentés, dans les communes ayant plus de cinq
mille habitants. Les prescriptions qui s'y appliquent devraient s'étendre à toutes les autres dont
le nombre constitue le tiers de la population de
la France. Les fermiers devraient être obligés
d'avoir une fosse étanche et couverte. Les puisards, dont la puissance de contanimation s'étend
quelquefois jusqu'à cent mètres, seraient rigou-
reusement interdits. Mais en tout cela, la persuasion seule peut être employée. A son défaut, on
peut employer l'exemple en accordant des indem-
nités pécuniaires, à ceux qui auraient installé dans
leur exploitation des fosses à fumier et à purin
étanches et couvertes en chaume : ce qui pourrait se faire facilement, avec les comités agricoles et le concours des sociétés agronomiques.
Avant de terminer cet exposé, nous citerons les
articles de la loi nouvellement introduits dans le
code rural (Loi du 21 juin 1898), et dont l'applica-

.tion ne tardera pas à donner d'excellents résultats,
si les préfets et les maires se servent des armes
excellentes qu'ils ont entre leurs mains, pour lut-
ter contre l'indifférence paysanne. Nous tenons à
reproduire *in extenso* ce qui se trouve au chapitre II. (Section des polices sanitaires. Art 19.) En
cas d'insalubrité constatée par le Conseil d'hygiène
et de salubrité de l'arrondissement, le maire or-
donne la suppression des fosses à purin non étanches et puisards d'absorption. Sur l'avis du même
conseil, le maire peut interdire les dépôts de vi-
danges ou de gadoue, qui seraient de nature à compromettre la salubrité publique. Il détermine les
mesures à prendre pour empêcher l'écoulement
sur la voie publique des liquides provenant des
dépôts de fumiers et des étables. Les décisions des
maires peuvent toujours être l'objet d'un recours
au préfet. — Art. 20. Il est interdit de laisser écou-
ler, de répandre ou de jeter, soit sur les places et
voies publiques, soit dans les lieux de marchés ou
de rassemblements d'hommes ou d'animaux, des
substances susceptibles de nuire à la salubrité publique. — Art. 21. Les maires surveillent au point
de vue de la salubrité, l'état des ruisseaux, rivières,
étangs, mares ou amas d'eau. Les questions rela-
tives à la police des eaux, restent réglées par la

disposition du titre II, art. V, du livre III du code
rural sur le régime des eaux. — Art. 22. Le maire
doit abandonner les mesures nécessaires pour assurer l'assainissement et, s'il y a lieu, après avis
du conseil municipal, la suppression des mares
communales placées dans l'intérieur des villages
ou dans le voisinage des habitations, toutes les fois
que ces mares compromettent la salubrité publique. A défaut du maire, le préfet peut, sur l'avis
du conseil d'hygiène et après enquête de commodo
et incommodo, décider la suppression immédiate de
ces mares ou prescrire aux frais de la commune,
les travaux reconnus utiles. La dépense est com-
prise parmi les dépenses obligatoires prévues par
l'article 136 de la loi du 5 avril 1884. — Art. 23. Le
maire prescrit aux propriétaires des mares ou fosses à eau stagnantes, établies dans le voisinage des
habitations, d'avoir soit à les supprimer, soit à exécuter les travaux ou à prendre les mesures nécessaires pour faire cesser toute cause d'insalubrité. En
cas de refus ou de négligence, le maire dénonce à
l'administration préfectorale l'état d'insalubrité
constatée. Le préfet, après avis du conseil d'hygiène
et du service hydraulique, peut ordonner la suppression de la mare dangereuse, ou prescrire que
les travaux reconnus nécessaires seront exécutés

d'office aux frais du propriétaire après mise en demeure préalable. Le montant de la dépense est re-
couvré comme en matière de contribution directe
sur un rôle rendu exécutoire par le préfet. — Art. 24.
Le préfet peut interdire la vidange des étangs et
autres amas d'eau non courante dans les cas et
dans les lieux où cette opération serait de nature à
compromettre la salubrité publique. Comme on le
voit, c'est l'extension à toutes les communes des
mesures qui ne concernaient que celles ayant plus
de 5000 habitants. De plus, le nouveau code rend
obligatoires les frais nécessaires à l'assainissement
et permet le recouvrement des sommes ainsi dé-
pensées. Il y a lieu de remarquer que le texte an-
cien était tout à fait muet sous ce rapport.

FIN

TABLE DES MATIÈRES

Imprimerie Générale de Châtillon-s-Seine. — A. Pichat.

Imprimerie Générale de Châtillon-s-Seine. — A. PICHAT.